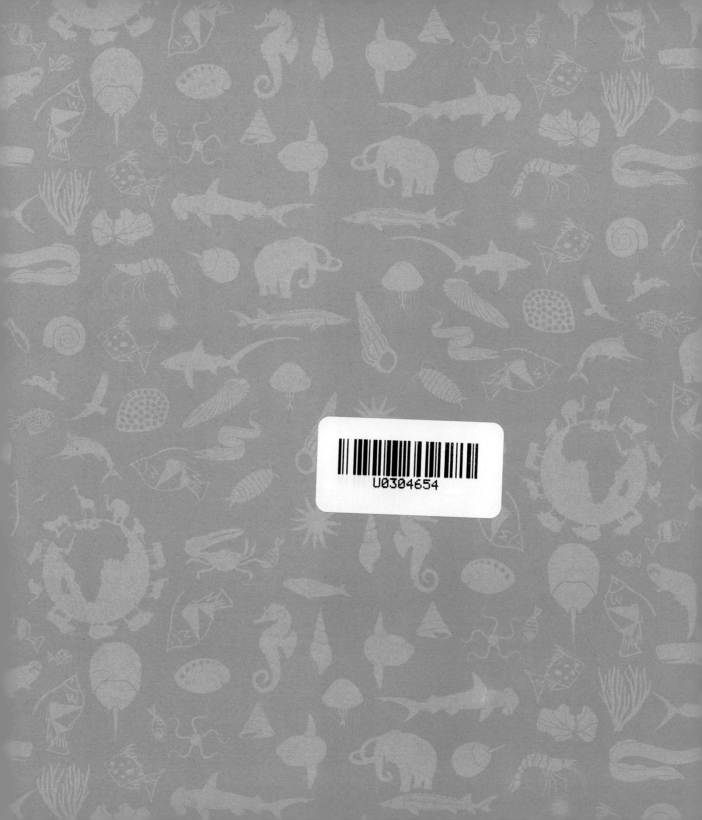

奇趣博物馆

Fascinating MUSEUM

刘少宸◎编著

我要给地球挖个洞

吉林科学技术出版社
JiLin Science & Technology Publishing House

F 前言
FOREWORD

　　地球是我们人类生活的地方。本书将为你揭开地球诞生的秘密，带你追寻漫漫生命萌芽路，领你走进多姿多彩的显生宙。

　　地球上曾经的"三叶虫时代"，几亿岁的苔藓虫，鸟类的祖先始祖鸟，最早的脊椎动物，"亿年寿星"桫椤树……本书将用生动有趣，通俗易懂的语言，为你一一讲述！

　　本书与课本紧密相连，在文中详细标注了相关教材的页码和内容，有助于在巩固课堂知识的基础上，加深对课本的学习，更能让你汲取更多的知识、开阔眼界，了解书本之外的广阔世界。

　　另外，不要担心会有阅读障碍，书中对学习范围之外的疑难字加注了拼音，让你不用翻字典就能流畅阅读，可专注地享受在知识的海洋中徜徉的乐趣，度过愉快的阅读时光。

　　最后，还欢迎你关注奇趣博物馆系列的其他图书：《我想有一个外星朋友》《海洋会干涸吗》《我想养只小恐龙》《是谁创造了奇迹》《把达尔文带回家》《我和猩猩为什么不一样》《是科学还是魔法》《这才是男孩的玩具》《我和我的动物小伙伴》。

C 目录
ONTENTS

4 给地球母亲一个美好的未来 —————— 163

揭开地球诞生的秘密

宇宙中的沧海一粟

　　茫茫宇宙，无边无涯，其间存在着难以计数的星系、星云等天体。地球所在的太阳系只是银河系中的一部分，而银河系也不过是宇宙中不计其数的星系之一。如此算来，我们人类生存的家园——地球在整个宇宙中就如沧海一粟 [sù]。

参照教材阅读
地球的资源保护与环境危机
参照人民教育出版社出版的《小学科学》
六年级下册第 40 页

地球来自哪里

地球究竟何时诞生，以及怎样诞生的，一直是人类努力解开的谜。20世纪70年代，科学家们根据对陨 [yǔn] 石、地球岩石及月岩年龄的测定，判断出地球大约形成于 46 亿年前。

那么，地球是如何"横空出世"的呢？对此众说纷纭，甚至有人提出是神创造了地球。当然这种说法是经不住科学检验的。目前比较认可的观点是，地球是宇宙大爆炸的产物。"宇宙大爆炸"假说认为，最初的宇宙像一个大火球（原始火球），它集中了各种天体物质。这个密度极大、温度极高的大火球在某一时刻突然发生爆炸。

参照教材阅读
你知道太阳有多大，温度有多高吗？
参照人民教育出版社出版的《小学科学》
四年级上册第 53 页

让我们想象一下爆米花：当温度极高的爆米花开始爆花时，米粒膨胀着四散分开。宇宙爆炸的样子也大体如此。组成它的物质被炸得纷纷飞扬，宇宙也随之膨胀开来。膨胀的宇宙温度逐渐下降，物质渐渐冷却下来，形成原子、原子核、分子等物质，这些物质复合成气体。气体凝聚成星云，星云经过运动形成星系和恒星。

地球"名片"

距太阳的距离: 1.5 亿千米

自转周期: 23 小时 56 分 4 秒

公转周期: 365.2422 天

平均半径: 6 371 千米

总质量: 6×10^{24} 千克

地球便是在这样的环境中逐渐产生的。作为太阳系的一颗行星，普遍的说法认为地球是"星子连续吸积"形成的，即围绕原始太阳的星云物质在旋转中互相碰撞结合成星子。星子是一种类似小行星的天体。这些小行星互相碰撞结合后，相继产生了太阳系的行星，其中便包括地球。

地球

距太阳距离: 1.5亿千米
自转周期: 23小时56分4秒
公转周期: 365.2422天
平均半径: 6 371千米
总质量: 6×10^{24}千克

距太阳距离:
自转周期: 23小时56
公转周期: 365.2422天
平均半径: 6371千米
总质量: 6×10^{24}千克

距太
自转周期: 365.2422
公转周期: 6371千米
平均半径: 6371千米
总质量: 6×10^{24}千克

参照教材阅读

除了太阳系以外，
你还了解关于宇宙的哪些知识?
参照人民教育出版社出版的《小学科学》
六年级下册第 73 页

最初的大气和海洋

地球形成之初，小行星的撞击活动并未停止，还是颇为频繁。在此情况下，加上地球内部的高温，使得最初的地球火山活动旺盛。原本存在于地球内部的易挥发气态物质便不断释放到地表，形成地球的原生大气层。其主要成分与现今的大气截然不同，主要为水、甲烷[wán]、氨、二氧化碳、一氧化碳、含氮或硫的气体。

因为没有生命赖以生存的氧气，所以地球可谓是一片不毛之地。直到几十亿年后，由于生物的光合作用，氧气才得以产生。

参照教材阅读

你了解地球上水的分布情况吗？

参照人民教育出版社出版的《小学科学》

四年级上册第 44 页

14

随着地表温度的降低，水蒸气凝结后以雨水的形式落至地表。由此地表温度又被降低，更多的雨水越来越多地降落地表。雨水聚集于地表低洼处，形成原始的海洋、湖泊和河流。大约40亿年前，地球便被海洋所覆盖。当时的海水成分与现今不同，略呈酸性。随着大气中的二氧化碳溶解于海水中，渐渐形成了碳酸盐类沉淀物。而随着陆地上的矿物质渐渐流入海洋中，经几十亿年的时间，海水的盐分越来越高。

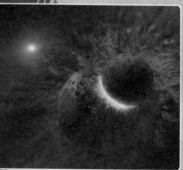

奇趣博物馆
Fascinating Museum

地壳

地幔

地球内核

参照教材阅读

通过什么办法能知道地球是个圆球呢?
参照人民教育出版社出版的《小学科学》
四年级上册第 47 页

16

像颗洋葱的地球

地球最初是一个同质混合体的星球，随着在地球内部的熔融物质渐渐地冷却，密度较大、熔点较低、难于挥发的铁、镍等物质首先沉降到地球内部，形成地核。密度较小、熔点较高的硅酸盐类物质则逐渐上浮，形成地幔[màn]和地壳。这一过程称为地球的物质分异。由此经历大约1亿年的时间，地球便形成了今天的圈层结构。

假如我们将地球剖开来，便会看到这些圈层结构如洋葱圈一样。以地表为界，地球的内部结构称为内圈层，地表以上的部分则称为外圈层。地球内圈层的质量较大，占地球质量的绝大多数比例。地球的外圈层覆盖着海洋和大气，也正因此，地球上的生命才得以生存繁衍[yǎn]。

科学家将地球内部分为地壳、地幔和地核三大部分。地壳平均厚约17千米，最厚可达70千米，地幔厚约2 900千米，地核半径约3 400千米。每一部分又可细分。地核可分为外部液态地核和内部固态地核，地幔分为上地幔和下地幔，地壳则分为海洋地壳和大陆地壳。

地球的地壳在地质运动中不断重建，而且受到大气、水和生物的侵蚀。在此条件下，虽然会有陨石"光顾"地球，但地球表面却因为"变化多端"而没有像月球那样遍布着坑坑洼洼的陨石坑。在太阳系的行星中，只有地球外壳具备这样的"特异"功能。

参照教材阅读
地表受到哪些自然因素的影响？
参照人民教育出版社出版的《小学科学》
五年级下册教材第47页

地球的卫星月球

月球是地球的唯一天然卫星，它形成于距今约46亿年前。月球的内部结构也同样分成壳、慢、核三部分。但与地球不同的是，月球内部的运动早已停止。月球表面和地球一样也存在山脉，只是与地球相比，它的表面更显得坑坑洼洼的，因为那上面有大大小小的环形山。

月球距离我们地球384 401千米，它的平均直径为3 474千米，自转与公转周期平均约为27.32地球日。月球的公转周期与自转周期相同，所以地球上的人们永远只能看到月球朝向地球的一半。

月球对地球有哪些影响呢？人类通过研究发现，地球上的潮汐、地球的转速和气象，甚至是人类的情绪都会受到月球的影响。

登月活动

1969年7月16日，美国"阿波罗11号"宇宙飞船将阿姆斯特朗及其伙伴成功送上月球。月球上首次留下人类探索的脚步。此次登月，人类一共用了8天3小时18分钟的时间，其中在月面活动时间21小时18分钟。此后，美国宇航局实施了6次登月活

动，其中5次成功，共将12名宇航员成功送上了月球。1972年，"阿波罗17号"登月成功后至今，人类再也没有踏足月球。

参照教材阅读

月亮上为什么没有生命存在？

参照人民教育出版社出版的《小学科学》四年级上册第 62 页

一颗活跃的行星

　　地球是一颗活跃的行星，自诞生之初到今天的几十亿年的时间里，地球活动频繁，面貌也随之发生大大小小的变化。科学家们提出大陆漂移学说、板块构造学说试图阐 [chǎn] 释地球的变化。而在地球板块的交界处，常常存在大量的断层，导致地震频繁，火山众多。

炽烈无比的地下之火

火山是地下深处炽热无比的岩浆及气体、碎屑从地壳中喷出而形成的特殊形态的地质体。火山活动是地球内部运动及能量释放的一种自然现象。

火山喷出物在通道口堆积形成的锥形山丘称为火山锥。火山锥顶部呈漏斗状的洼地就是原来的火山喷口，称为火山口。岩浆从地下喷出地表的通道称为火山通道。

火山活动形式多样，按其强度差异来分，可分为漫溢型火山、喷发型火山。漫溢型火山活动虽然频繁，但能量释放相对比较和缓。而喷发型火山却以强大无比的爆发力在瞬间喷射出大量岩浆、气体和碎屑。突然喷发的强烈火山活动常常给附近的生物造成极大的危害。

参照教材阅读
岩浆为什么会从地壳喷出？
参照人民教育出版社出版的
《小学科学》五年级下册第66页

地动山摇的能量之波

　　地球内部某些部分突然急剧运动而破裂，从而引起一定范围内地面震动的自然现象称为地震。它与火山活动一样，是地球内部运动和能量释放的一种形式。地震可导致地裂房塌、山体滑坡、泥石流、道路坼裂、轨道扭曲、桥梁折断等灾害。而在地震之后，还会发生火灾、水灾、瘟 [wēn] 疫 [yì] 等严重的次生灾害。这些都会给人类造成重大伤亡，影响人类生存、生活、生产活动。

　　地震发生时，岩层断裂产生的强烈振动以波的形式自震源向各方传播，这种波称为地震波。地震波分为纵波、横波和面波三种。面波只在地球表面传播。而纵波和横波可以在地球内部传播，所以为科学家们研究地球内部构造提供了帮助。

参照教材阅读
有没有办法预测地震？
如果遭遇地震，我们应该怎样自救？
参照人民教育出版社出版的
《小学科学》五年级下册 61 页

大陆漂移学说

16世纪末期，比利时地图学家和地理学家亚伯拉罕·奥特柳斯首次提出了"大陆漂移"的假设：如果有人拿出世界地图，然后仔细观测三大洲的海岸线，就会发现（大陆）分裂的痕迹；美洲是因地震与潮汐而从欧洲及非洲分裂开去。

1912年，德国科学家阿尔弗雷德·魏格纳对这一学说进行了阐述。他认为地球历史上曾经有过一块完整的"泛大陆"，这块大陆被"泛大洋"包围。"泛大陆"在大约2亿年以前开始破裂，经过分裂、漂移、碰撞的过程，距今约二三百万年以前，形成现在的七大洲和四大洋。虽然有一些地质学、古气候学和古生物学方面的证据支持魏格纳的观点，但这一假说始终未获承认。

阿尔弗雷德·魏格纳（1880—1930）

　　德国气象学家、地球物理学家。主要研究大气热力学和古气象学。在他的著作《海陆起源》中，结合各个学科成果论证他的大陆漂移学说。可惜因未能提供令人信服的动力学依据而被认为是谬[miù]论。魏格纳一生都在寻找证据证明这一假说。1930年，魏格纳在格陵兰冰原进行科学考察时不幸遇难。

　　20世纪60年代，科学家们在海洋底部发现了地壳运动的证据，大陆漂移学说才再次被人们提及并成为普遍接受的观点。

大陆漂移的地质学证据

在今天的大西洋两岸，有很多山脉的岩石性质都很相似。大陆漂移学说认为，2亿年前，它们同属于一片绵延的山系，由于陆块的分裂漂移，才形成今天两岸之间远隔万里的局面。

大陆漂移的气候学证据

大陆漂移学说认为，2亿年前，今天的非洲、南美洲和印度等地曾经连成一片，位于地球的南极附近，冰川发育显著。当其中的一些陆块漂移到今天的低纬度地区后，冰川消融，但冰川作用的痕迹保留至今。

大陆漂移的古生物学证据

科学家在南美洲的巴西和非洲的南非发现中龙化石。然而，它们中间却隔着数千千米的大西洋，中龙即使会"飞"也不可能"渡过"数千千米的距离。大陆漂移学说认为，2亿年前的非洲和南美洲本来是同一片大陆的不同部分，中龙可以在这片大陆上自由来往。只是因为大陆漂移，将它们分隔开来。

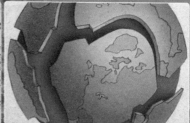

板块构造学说

　　板块构造学说认为，地球的岩石圈可以分为大大小小的若干板块。这些板块漂浮在炽[chì]热的地幔上缓慢移动。板块有扩张和缩小两种基本的运动方式。扩张是指两个板块相互远离，地下岩浆涌出形成新的地壳；缩小是指两个板块相互碰撞，一个板块钻到另一板块的下面，在地幔的高温中逐渐消融。

　　今天地表的许多壮丽奇观、火山地震等自然现象都是板块运动的产物。

板块构造学说认为岩石圈的构造单元是板块，板块的边界是洋中脊、转换断层、俯冲带和地缝合线。俯冲带就是发生俯冲作用的板块边缘部分；地缝合线是指两块陆地板块的碰撞结合地带。由于地幔的对流，板块在洋中脊分离、扩大，在俯冲带和地缝合线处下冲、消失。

全球被划分为亚欧板块、太平洋板块、美洲板块、非洲板块、印度洋板块和南极洲板块六大板块，此外还有一些中、小型板块。

洋中脊

洋中脊是分离板块的边界。地幔的岩浆在这里对流上升，形成新的洋底。洋中脊总长约8万千米，是地球上最大的山脉。洋中脊露出洋面以上的部分成为岛屿。冰岛、复活节岛等岛屿就是洋中脊的一部分。洋中脊是地热的排泄口，其顶部的地壳热量极高，火山、地震活动很活跃。

转换断层

由于岩石圈的不均匀性，有时洋中脊两侧板块运动速度并不相同，从而在洋中脊处产生水平位移，形成断层，即转换断层。

地幔对流

是什么力量推动板块运动呢？板块构造理论认为，岩石圈底部和地幔顶部一些固态物质因高温高压而呈现出可移动的塑性状态。在地球内部巨大热能的驱动下，塑性的地幔物质上下和水平移动，形成一个个环形对流体，称为地幔对流，它被认为是板块运动的原动力。

消减带

因为地球是圆形的，所以板块自大洋中脊向外移动，其前端最终将会与另一板块相撞。当碰撞发生时，前者向后者下部俯冲，直至地下约700千米深处，这一俯冲带称为板块消减带。消减带的起点处岩石圈明显下降，形成海沟。消减带下部，岩石熔化成为岩浆，导致一系列的岩浆活动。

探秘地球历史的方法

我们人类判断自己的历史，可以根据古迹或史书等材料。那么判断我们赖以生存的地球的历史，可以通过哪些材料呢？"石头"是人类最常用的材料。比如人类通过化石，判断出化石是何物种，形成到繁盛到灭绝的时间，种群特点如何等等。人类还可以通过岩石和陨石，判断地球的年龄，有关地质活动等内容。

地质年代测定的秘密武器

人类为了测算地球的年龄，曾尝试过用海水中积累的盐分、海洋沉积物等办法。但这些办法因为误差较大，而被一一否定。20世纪50年代，人类发明了利用放射性技术来测定地球年龄的办法。

放射性元素（母元素）经过裂变，会蜕变成新的子元素。元素蜕变后质量会逐渐减少，其含量变为原来一半的时间称为半衰期。所以若知道岩石样本中的母元素和子元素的含量，就可以根据母元素的半衰期推导出岩石形成的绝对年代。比如，铀[yóu]的半衰期为45亿年，科学家就可以根据岩石中的铀和它蜕[tuì]变成的元素铅的含量来算出岩石的年龄。

目前人类发现的最古老的地球岩石年龄为38亿年。不过岩石的年龄并不等于地球的年龄。因为在38亿年前岩石就因板块运动、风化等有所变化了。不过人类可以通过地球的卫星月亮和掉落在地球上的陨石来测定地球的年龄。月亮上不存在板块运动，因此形成之初的岩石保持不变。而太阳系的行星很可能是同时形成的，因此根据对月球岩石和陨石的年龄测定，可以判断出地球的年龄。目前人类测知的月亮岩石年龄在33亿～46亿年，陨石年龄约为45亿～46亿年。据此可判断地球年龄约为46亿年。

地质年代

地球上的岩层是由上往下沉积而成的，再考虑到地壳变动的因素，便可判断地层形成的先后顺序。利用地层中的化石，也可以分析地层的上下关系。

地质学家根据地层里古老生物的化石特点，将地球年代划分为不同时期。其中以生物物种大量出现的寒武纪（5.4亿年前）为点，将地球年代划分为隐生宙和显生宙。显生宙，即地球上已经有显著的生物存在。其中显生宙一般又分为冥古宙、太古宙和元古宙。

宙的下面划分为"代"，地球年代可划分太古代、元古代、古生代、中生代和新生代。其中古生代、中生代和新生代三代下面又分为"纪"。寒武纪、奥陶纪、志留纪、泥盆纪、石炭纪和二叠纪。古生代（5.4亿年前—2.5亿年前）自寒武纪大规模生命出现始，至二叠纪史上最大规模生命灭绝终。

接下来是中生代（2.5亿年前—6500万年前），中生代划分为三纪，分别为：三叠纪、侏罗纪、白垩纪。白垩纪时代也以物种大规模灭绝宣告而终。之后，地球历史进入了离我们人类最近的新生代时期（6500万年前至今）。

　　新生代又分为古近纪、新近纪和第四纪三个时期。其中古近纪和新近纪原被统称为"第三纪"。新生代"三纪"的下面又划分为"世"。其中古近纪分为古新世、始新世、渐新世；新近纪分为中新世、上新世；第四纪分为更新世和全新世。第四纪冰期便是第四纪开始的标志。

"纪"名的由来

寒武纪："寒武"是英国西部威尔士一带的古称。

奥陶纪："奥陶"是英国威尔士一个古代部落民族的名称。

志留纪：来自英国西部一个古老部落名。

泥盆纪："泥盆"是英国英格兰西南半岛上的一个郡名。

石炭纪：因该时代的地层里煤炭丰富而得名。

二叠纪：译自德文，因为德国当时地层明显地分为上下两部分。

侏罗纪：侏罗纪之名称源于瑞士、法国交界的侏罗山。

白垩 [è] 纪：因最初划分出来的地层上部有白垩土而得名。

2 漫漫生命萌芽路

太阳系中唯一存在生命的行星

　　太阳系有八大行星，而只有地球上存有生命。与其他行星不同，地球上有着适宜生物生长、繁衍的自然条件。

　　地球的大气圈是一层保护罩，一方面它和地球的磁气圈一起阻止了来自太阳和其他天体有害射线对地球生物的侵害，另一方面它使地球免受流星雨的袭击，许多陨石在到达地面前便已被烧毁。

　　此外，大气中存在的适量的二氧化碳可吸收太阳的温度，使地球保持适宜的温度。二氧化碳的这一保温效应被称为"温室效应"。

　　参照教材阅读
　　你了解太阳系的八大行星吗？
　　参照人民教育出版社出版的《小学科学》六年级下册教材第60页

温室效应使得地球的年平均气温从早期的-21℃提高到了14℃。如果没有温室效应，地球上的汪洋将是一片冰原，生命之"水"的缺乏将使地球生命无法孕育生长。

自工业革命以来，人类燃烧煤炭、石油和天然气，导致排入大气中的二氧化碳等吸热性强的温室气体逐年增加，大气的温室效应也随之增强，已引起全球气候变暖、气候反常、海平面上升、土地沙漠化、病虫害增加、氧气缺乏等一系列严重问题，引起了全世界各国的关注。

生命是如何在地球上诞生的

最初，地球的条件根本不适合生命的生长，可谓是一片不毛之地。那么生命是怎样在地球上诞生的呢？为此科学家们进行了种种探索，提出了种种假说。其中化学起源说是被普遍接受的一种。

这一假说认为，地球上的生命是在地球温度逐步下降以后，在极其漫长的时间内，由非生命物质经过极其复杂的化学过程，渐渐演变而成的。

为了证明这一假说的合理性，1953年，攻读化学博士学位的斯坦利·米勒在其导师哈罗德·克莱顿·尤里指导下，进行了生命起源的实验。

米勒和他的导师尤里

斯坦利·米勒(1930—2007)，美国化学家和生物学家，被认为是天体生物学的先驱。以米勒·尤里实验而闻名于世。

哈罗德·克莱顿·尤里（1893—1981），美国科学家，因发现氢的同位素氘[dāo]获得1934年诺贝尔化学奖。

将水注入左侧的烧瓶内。抽去玻璃仪器中的空气。然后打开左方的活塞，泵入甲烷、氨、氢气与一氧化碳的混合气体（模拟还原性大气）。再

将烧瓶内的水加热形成水蒸气。将右侧更大的烧瓶的电极通上电，火花（模拟闪电）便由此产生。而水蒸气在经过电极后又再度凝结并重回原先装水的烧瓶中。实验便在密闭的玻璃管道内如此循环反复地进行。

一周后，米勒发现实验生成了20种有机物，其中包括4种构成生物蛋白质所需要的氨基酸。此后，米勒还进行了多次类似实验，这些实验发现了更多的有机物。

米勒的实验表明，由无机物形成有机物是完全有可能的，那么生命物质完全有可能在早期地球的无机环境中自然形成。

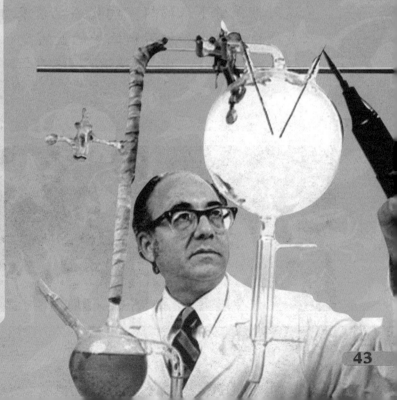

太古宙时代的生命

　　太古宙距今38亿年前—25亿年前，据推测，这一时期地球表面大部分被海洋所覆盖，火山活动频繁。原始的大气中二氧化碳随着沉淀被固定在其沉积物中，因此含量渐渐减少，但这时期的氧气缺乏。大气层的透光性增强，为生物的光合作用提供了条件。这一时期是重要的成矿时期，一些重要的矿藏，如镍、金、铜、铁等矿产就是在这一时期形成的。

　　太古宙时期是原始生命出现及生物演化的初级阶段。从这时期保留下来的极少的化石记录来看，此时的生物还只是原核生物，如细菌和低等的蓝藻。

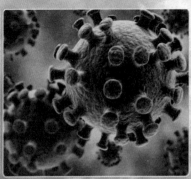

化石里的最早生命迹象

1983年，古生物学家在澳大利亚西部皮尔巴拉的瓦拉乌纳岩层内，发现了一些呈丝状和放射状的细菌化石。经过研究发现，这些

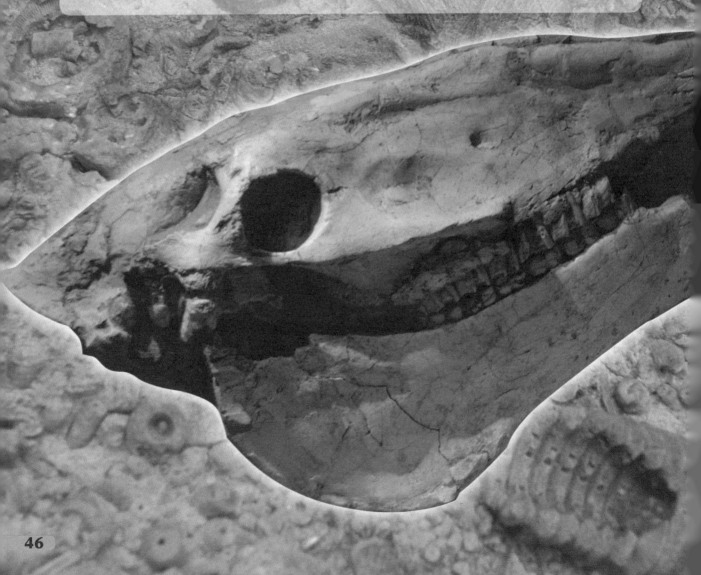

毫不起眼的小颗粒竟然已有35亿年的历史。科学家们还在南非发现了一种球状和杆状结构的细菌化石，据研究，其"年龄"至少已有33亿年。这是人类目前发现的最古老的生命。

科学家们认为，地球上最早的生命是单细胞生物体，被称作原核生物，细菌就是这种生命的代表。这些菌类能在高温、高压、黑暗的条件下存活，它们以海水中溶解的有机物为养料。另有一些有机体，则完全靠"吃"矿物（无机物）生长，如硫细菌、铁细菌。

据推测，大约经历了20亿年的时间，地球上才出现了真核生物。

参照教材阅读
化石是怎样形成的？
参照人民教育出版社出版的《小学科学》
六年级下册第33页

肉眼看不到的蓝绿藻

距今约28亿年，海洋中出现了一种能进行光合作用的蓝绿藻。蓝绿藻的直径一般为3～10微米，大的可达到六七十微米。人的肉眼是不可能看清楚蓝绿藻的。蓝绿藻在细胞结构上类似细菌，但它却和高等植物一样可进行光合作用。

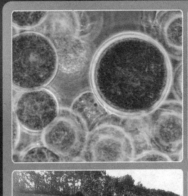
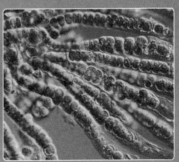

光合作用释放出氧气，从而使大气中的氧气含量增加。氧气的增加一方面使生物的有氧呼吸成为可能，另一方面使大气层中于6亿年前出现臭氧成为可能。而臭氧层可有效吸收紫外线，对地面生物起到保护作用，这也为后来生物登

陆奠定了基础，也阻
挡了绝大部分来自宇
宙空间的紫外线，为
后来生物登陆奠定了
基础。

参照教材阅读

你了解光合作用的具体形式吗？
参照人民教育出版社出版的《小学科学》
六年级上册第 12 页

元古宙的多细胞生物

元古宙距今约25亿年前—5.4亿年前，"元古"有"原始生命形态"之意。在元古宙时期海洋中出现了更为复杂生命形式的演化，多细胞开始出现。虽然此时期的化石很罕见，但人类还是幸运地发现了埃迪卡拉生物群化石，由此可以对当时的地球生物形态有较为具体的了解。

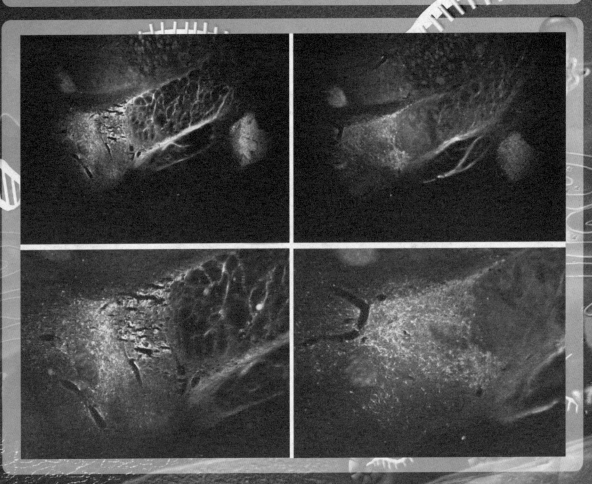

从单细胞到多细胞

细胞是生物体基本的结构和功能单位。在最初，地球上的生命都是单细胞的生物，生命只是以菌类和藻类的简单形式存在于海洋里。寒武纪之后，多细胞生物大量出现，并快速演化。

曾经孤独几十亿年的单细胞生物

地球上的最早的生命是像细菌一样的东西，它只有一个细胞。在以后漫长的岁月中，这种单细胞的小生命遍布海洋，孤独地生活了大约20亿年。这时的地球上空旷、寂寞，空气是有毒的，根本无法呼吸。大气中没有氧气，也没有保护生命的臭氧层，直射地面的强烈紫外线辐射只要一个小时就可以杀死绝大多数生命。

最早的多细胞生物

大约7亿年前，单细胞生物又演变成多细胞生物，就像今天的植物一样，它们靠光合作用吸收二氧化碳，放出氧气。这种只能在显微镜下才能看清的小生命，用了漫长的时间，让地球大气中充满了氧气。这样，最早的地球生命就从简单的单细胞生物进化成一些更复杂的生命。这是生命的重大突破。

埃迪卡拉生物群

　　古生物学家斯普里格在澳大利亚的埃迪卡拉地区发现了距今大约5.8亿年前—5.4亿年前的古生物化石。这些化石动物后来被命名为"埃迪卡拉生物群"。埃迪卡拉动物与今天的动物大不相同，它们长得像"天外来客"一样奇怪，大多长得又扁又平的。

　　有的像管子，有的像帆船，有的像肉饼，有的像个站立的带柄树叶。埃迪卡拉动物一般只有几厘米大小，最大的长达1米。

　　埃迪卡拉动物门类繁多，包括腔肠动物、环节动物、节肢动物等。它们的结构变得较为复杂，生活方式也多种多样。埃迪卡拉生物群化石在世界各地广泛分布，表明当时该生物群是海洋中的真正统治者。

　　埃迪卡拉生物群初步解开了寒武纪初期"生命大爆发"之谜：原始的生命形态在经过30亿年的准备之后，其积累的生命能量和无穷的创造力即将喷薄而出。

走进多姿多彩的显生宙

寒武纪生命大爆发

寒武纪距今约5.4亿——5.1亿年，在地质年代划分中属显生宙古生代的第一纪。寒武纪之前几十亿年的古老地层中，人类一直难以找到动物的化石。而在寒武纪的几百万年的时间里，人类通过广泛的化石发现，几乎现在所有的生物种类都可以在这里找到自己的祖先，而且在后来历史中已经灭绝的生物也在此时期"一下子"全都出现了！由此古生物学家将这一"惊喜"的发现称作"寒武纪生命大爆发"。

寒武纪生命大爆发的典型化石证据包括：布尔吉斯岩生物群、我国云南的澄[chéng]江生物群和贵州凯里生物群。

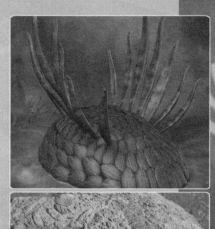

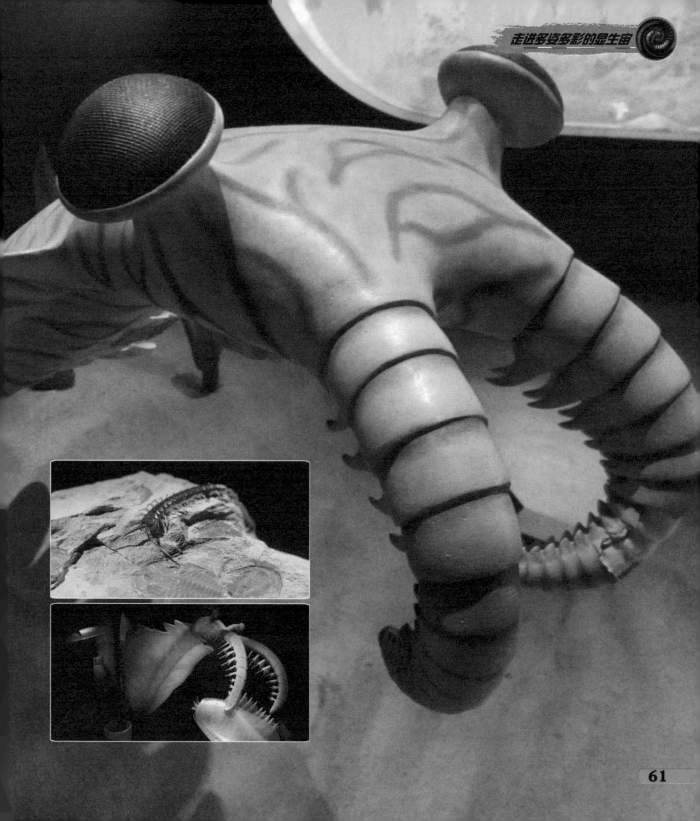

"三叶虫时代"

在寒武纪岩石中保存有丰富的矿化的三叶虫硬壳。这些最具代表性的远古动物曾让撰写《物种起源》的达尔文感到头疼：他认为进化应该是慢速进化，因此他不理解为何三叶虫会"突然"大量地出现在寒武纪的地层中。

三叶虫从背部看，纵向上分成三部分，因此而得名。三叶虫身体分为头部、胸部和尾部三个部分。它的身体被一层坚硬的外壳所覆盖，这层壳由背壳及向腹面延伸的腹部边缘组成。三叶虫背面正中突起，两肋低平。

三叶虫生活模式多样，有的喜欢漂浮在水面上，有的则喜欢在海底爬行，有的喜欢游泳，有的却喜欢钻入泥沙中。三叶虫一旦遇到危险，便将带壳的身体蜷缩成球。三叶虫占据了不同的生态空间，寒武纪的海洋成了三叶虫的世界。

幼年期的三叶虫除身体很小外，常常凸起明显，头部与尾部区分不明显，没有胸节，虫体呈圆球状。以后，随着三叶虫不断生长，胸节逐渐增加。三叶虫每蜕一次壳，身体都会增大，壳上的刺、瘤甚至尾甲的分节数也会增加。当胸节全部长成不再增加时就进入成年期，此时意味着三叶虫已经成年，可以繁衍下一代了。

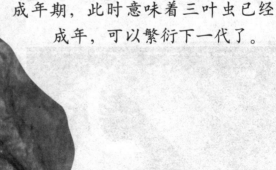

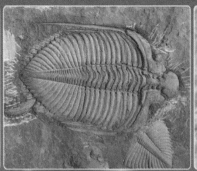

在漫长的时间长河中，三叶虫演化出繁多的种类。大小自 0.2～70 厘米不等。在寒武纪至二叠纪的 3.2 亿多年时间里，三叶虫与其他无脊椎动物共同生存了很长时间，才逐渐数量减少和衰退。

参照教材阅读

你了解达尔文的进化论吗？

参照人民教育出版社出版的《小学科学》六年级下册第 35 页

布尔吉斯生物群

　　1909年8月，著名美国古生物学家查尔斯·维尔卡特在加拿大落基山脉的布尔吉斯山旅行时，发现一块奇特的动物化石。这只动物从头部伸出一对触角，身体多节。维尔卡特将它命名为"马尔三叶形虫"。第二年，他专程来这里进行了发掘。没想到在这里发掘出大量保存完好的无脊椎动物化石。这些动物连同"马尔三叶形虫"的化石因都是在布尔吉斯页岩层中发现，因此被统称为"布尔吉斯生物群"。

　　加拿大布尔吉斯生物群距今大约有5.15亿年，包括119属140种动物。其中节肢动物是优势种群，另外还有海绵、蠕虫、腕足、棘皮甚至脊索动物等的软体动物。这些动物向人们展示了寒武纪丰富多样的海洋生物面貌，成为寒武纪生命大爆发的重要证据。

　　1981年，加拿大布尔吉斯生物群被联合国教科文组织批准为"世界文化遗产遗址"。

世界文化遗产

　　1976年11月，联合国教科文组织世界遗产委员会成立。该组织由21名成员组成，负责《保护世界文化和自然遗产公约》的实施。委员会每年召开一次会议，主要决定哪些遗产可以录入《世界遗产名录》，对已列入名录的世界遗产的保护工作进行监督指导。

　　世界文化遗产全称为"世界文化和自然遗产"，它属于世界遗产范畴[chóu]。世界文化遗产是文化的保护与传承的最高等级。

云南澄江生物群

　　1984年7月，刚刚从中国科学院南京古生物所硕士毕业的侯先光在云南澄江县的帽天山考察时，发现了许多寒武纪早期的无脊椎动物化石。这些动物有节肢动物、水母、蠕虫等。这些化石内容极其丰富，保存得栩栩如生。后来侯先光在论文中将澄江的动物化石定名为"澄江生物群"。

　　澄江生物群距今5.3亿年，正处于"寒武纪生命大爆发"时期。它的发现表明当时的云南东部是一片充满勃勃生机的汪洋大海。澄江生物群的发现具有重要意义，将动物多样性的历史前推到寒武纪早期。澄江生物群包括180多种动物，其中80%都是前所未知的新种，还有20多种痕迹化石和粪便化石。几乎现生动物的所有门类，都能在澄江化石群里找到它们的远祖代表。这里有昆虫的远祖抚仙湖虫，寒武纪海洋巨无霸奇虾，神奇的腔肠动物栉水母，曾在国际权威学术刊物《自然》封面上露脸的"化石明星"微网虫，还有人类的远祖云南虫。

云南虫长得什么样

　　云南虫的身体呈蠕形，一般长3～4厘米，大的可以长到6厘米。它长着7对腮弓，可以呼吸，并把食物留在口腔里，这是脊索动物的重要特点。而脊索动物则是脊椎动物的前身。云南虫的发现证明了在澄江生物群中蕴含着脊椎动物的起源，这是生命演化史上的重大突破。

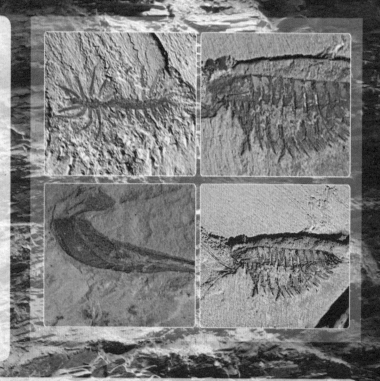

　　澄江生物化石群处于"埃迪卡拉生物群"与"布尔吉斯生物群"之间，丰富的化石资料填补了两者之间古生物化石的空白。

　　1992年，澄江生物化石群遗址被联合国教科文组织列为"全球地址遗迹东亚优先甲等第四号"。2012年，在第36届世界遗产委员会会议上，中国澄江化石地被列入《世界遗产名录》，成为我国第一个化石类世界遗产，填补了中国化石类自然遗产的空白。

　　"澄江生物群"被国际科学界誉为"古生物圣地"、"20世纪最惊人的古生物发现之一"。

贵州凯里生物群

　　贵州凯里生物群在我国贵州省凯里市苗族侗族自治州剑河县，这里发现的生物距今有5.20亿—5.12亿年。

　　凯里生物群包括11大门类、120多属种的动物。这里包括许多非三叶虫的节肢动物、棘皮动物、软躯体动物化石，新的棘[jí]皮动物、大量藻类等。三叶虫、娜罗虫、古蝠虫、奥托也虫、微网虫、奇虾等都在此生活过，而贵州轮盘水母则是世界上独有的软躯体动物。

　　凯里生物群化石保存得非常好，三维空间非常完整，对展现寒武纪海洋生物的面貌具有重要意义。最值得一提的是，这里还发现了胚胎化石。这是"世界三大页岩型生物群"中首次发现胚胎化石。凯里生物群年代居于澄江生物群和布尔吉斯生物群之间，在生物演化上起了承前启后的作用。

世界三大页岩型生物群

　　布尔吉斯页岩生物群、我国云南澄江生物群和贵州凯里生物群被认为是"世界三大页岩型生物群"，它们为寒武纪生命大爆发提供了重要的证据。

最早的脊椎动物

在我国云南澄江生物群中发现了两种鱼化石：昆明鱼和海口鱼。它们是目前人类所知的最早的脊椎动物，也是迄今已知人类发现的地球生命出现早期的最高等动物。

昆明鱼长得类似现今的盲鳗，它没有上下颌，有明显的头部，但嘴却不能明显看到，头上有五六个有半鳃[sāi]的鳃囊。昆明鱼的表皮没有骨骼和鳞片。昆明鱼的身体呈纺锤形，可分为头部和躯干部两部分，身上长着像帆的背鳍[qí]及腹鳍。海口鱼也是无颌鱼类。它的身体结构接近现存的七腮鱼。它有明显的头部和躯体。头部有6～9片腮。身上长有背鳍和腹鳍。它的背鳍指向头部，这种现象在如今的鱼类中很少看到。昆明鱼和海口鱼的发现表明"脊椎动物在早寒武纪就已经开始分化了"。

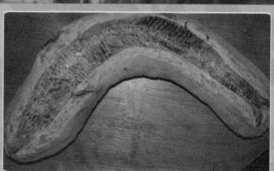

　　这两种鱼化石把人类所知的脊椎动物产生的时间向前推进了至少2 000万年。在此之前，科学家在美国科罗拉多州的奥陶纪淡水沉积岩中发现一块化石，上面有骨质结构的鳞片，这块化石曾一直被认为是最早的脊椎动物的遗迹。

前暖后冰的奥陶纪

奥陶纪是古生代第二个纪，距今大约5.1亿—4.39亿年。奥陶纪是地史上大陆地区遭受广泛海侵的时代，是火山活动和地壳运动比较剧烈的时代，也是气候分异、冰川发育的时代。

在奥陶纪的早期和中期，地球上的气候温暖、海侵广泛；但在奥陶纪晚期南大陆的西部却发生了大规模的大陆冰盖和冰海沉积，那时候的气候却如极地般寒冷。在奥陶纪末期，因为大冰期的存在，全球海平面下降，并引起广泛的海退。

海侵

　　海侵又称海进，指在相对短的地史时期内，因海面上升或陆地下降，造成海水对大陆区侵进的地质现象。奥陶纪是历史上海侵最广泛的时期之一。与之相对，海平面下降则被称为海退。

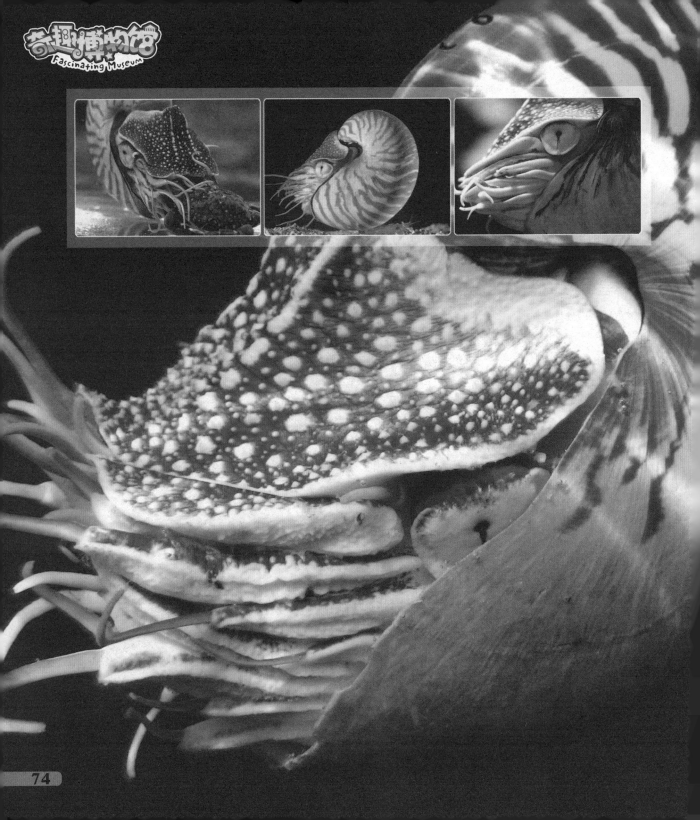

"杀手"鹦鹉螺

鹦鹉螺是现存最古老、最低等的头足类动物，它们在地球上经历了数亿年的发展，至今在印度洋和太平洋中仍然存在，被称为海洋中的"活化石"。

鹦鹉螺在奥陶纪进入繁盛时期，形状多种多样，多为直形的、弓形的、环形的和旋卷形的，也有少部分为锥形和螺旋形。鹦鹉螺是当时海洋中凶猛的肉食性动物。

由于很多鹦鹉螺呈圆锥形，长得像羊角，因此鹦鹉螺也被称为"角石"。其中直角石类鹦鹉螺可以说是当时海洋里的顶级杀手。最大的直角石类鹦鹉螺可达11米，凶狠的海蝎子都能成为它们的美餐。

鹦鹉螺在自志留纪到泥盆纪时期开始衰落。在三叠纪末期，直壳类绝灭，旋卷类也变少。目前人类所见的鹦鹉螺只是几亿年前繁盛的鹦鹉螺大家族里的一个属，它们一般生活在深海中。

优雅的漂浮者

现在的鹦鹉螺平时多在100~600米的深水底层用腕部缓慢地匍匐而行，但搜寻食物时它们的动作却很快速。鹦鹉螺通常夜间活跃，日间则在海底歇息，以触手握在岩石上或珊瑚礁上。在暴风雨过后的夜里，海上风平浪静之际，鹦鹉螺便会成群结队地漂浮在海面上，贝壳向上，壳口向下，头及腕完全舒展，被称为"优雅的漂浮者"。

几亿岁的苔藓虫

　　苔藓虫是一种软体动物，长得很像软珊瑚。虫体前端有口，口的周围有一冠状物，称"总担"，上面长着许多触手。苔藓虫演化很快，属种繁多。有枝状的尼可逊苔藓虫、攀苔藓虫、围块状的古神苔藓虫和薄层状的变隐苔藓虫等。苔藓虫是固着生活的群体动物，在淡水和海水都有它们的身影。它们有的附着在湖边的石头上，有的附着在水底的石头上，有的附着在植物的枝叶上，有的附着在浅海岩礁上。

　　苔藓虫这种在奥陶纪早期出现的动物，至今仍然存在，可见其生命力之强。

既能进行环保也能造成麻烦的苔藓虫

　　苔藓虫可吞食水中微型生物和有机杂质，对水体的净化有一定积极作用。但如果极度大量繁殖，会降低水流速度，给工程运行造成一定不利影响。

第一次生物大灭绝

在奥陶纪末期，生物出现了一次大灭绝。科学家一直试图揭开这次大灭绝真正原因。澳大利亚古生物学家研究认为，奥陶纪末期，冈瓦纳大陆进入南极地区，影响全球环流变化，整个地球进入冰河时期。气温下降，冰川锁住了水，海平面降低，原先丰富的沿海生物圈遭到破坏。与此同时，4亿多年前英国发生的3次大规模8级火山爆发，无疑使变冷的地球雪上加霜，并杀死了大量生物。由此，奥陶纪迎来了地球史上第一次生物大灭绝。

在这次大灭绝中，直接导致85%的物种死亡，它们死后被泥沙覆盖，变成化石。亿万年的地质变化，这些化石或露出地面，或埋于地表，逐渐被人们发现。因涉及生物的种类之多、数量之大，奥陶纪的物种灭绝被列入地球五次大灭绝事件的第二位。

五次生物大灭绝事件

在某一个相对短暂的地质时段中，在一个以上并且较大的地理区域范围内，生物数量和种类急剧下降，甚至绝种的现象就是生物大灭绝。在生物大灭绝中，整科、整目甚至整纲的生物都在很短的时间内彻底消失，仅有极少数残存下来。在生物大灭绝之后，除了幸免于难者之外，地球上还会有一些新的生物群类从此诞生并渐渐繁盛起来。

地球诞生以来，全世界发生过数次大灭绝事件，其中以显生宙的五次生物大灭绝为最：在奥陶纪末期、泥盆纪末期、二叠纪末期、三叠纪末期和白垩纪末期，生物都曾大规模灭绝。

科学家对生物大灭绝的原因进行了探索，他们认为地外星体撞击地球、火山活动、气候突变、海进或海退、缺氧等都可能会给地球生物带来灾难性的灭绝危险，但至今生物大灭绝的原因并无定论。

中兴到低潮的志留纪

　　志留纪是古生代的第三个纪，距今4.39亿—4.09亿年，在古生代和中生代9个纪中，志留纪是最短的一个。奥陶纪的大冰期结束后，地球上的气候逐渐变暖，趋于稳定，志留纪就此拉开帷幕。

　　由于生存条件好转，生物慢慢从奥陶纪的浩劫中兴起。志留纪的生物面貌与奥陶纪相比，有了进一步的发展和变化。植物登陆成功和有颌类动物的壮大是发生在志留纪的最重要的生物演化事件。海生无脊椎动物在志留纪时仍占重要地位，但各门类的种属更替和内部组分都有所变化。三叶虫开始衰退，板足鲎类节肢动物开始兴起，并成为水下头号杀手，称霸海洋。脊椎动物中，在奥陶纪出现的无颌[hé]鱼类在志留纪进一步发展，大量繁荣；更先进的有颌鱼类如盾皮鱼类和棘鱼类等开始出现，为随后鱼类甚至人类等高等脊椎动物的大发展奠定了基础。植物方面，除了海生藻类仍然繁盛以外，志留纪末期，陆生植物中的裸蕨植物首次出现，植物终于从水生开始向陆生发展，这是生物演化的又一重大事件。伴随着陆生植物的发展，志留纪晚期还出现了最早的昆虫和蛛形类节肢动物。

节肢动物

　　节肢动物门是动物界最大的一门，统称节肢动物。这种动物分头、胸、腹三部分，身体两侧对称，身体的若干体节分别组成不同的部分，每一体节上有一对附肢。我们熟知的虾、蜘蛛、蚊子、苍蝇、蜈蚣、三叶虫等都是节肢动物。

　　志留纪可分早、中、晚三个世。在这三个阶段，海洋表现出"海侵——海侵达玛顶峰——海退"巨大的旋回。这标志着地壳历史发展到了转折时期，对地球上的生物和地质带来不小的影响。

　　志留纪末期，灾难再次降临。由于地壳剧烈运动，地壳表面普遍出现了海退现象，不少海域变成陆地或形成高山。很多海洋生物因此遭到劫难，但一部分生物却向陆地进军，由此引发了又一轮生物进化高潮。

有颌脊椎动物

　　试想一下，如果我们人类的嘴巴不能张合，只能换成一条吸管进食，这要影响人类吸收多少营养物质！颌的出现表示从此动物有了真正的嘴巴，可以通过上下颌的配合，捕捉、咬切食物，必要的时候，还可以叼住敌人，救自己一命。

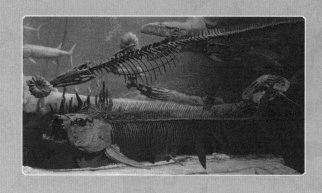

有颌对于脊椎动物来说，大大提高了取食与适应能力，增强了它们的生存竞争力。这可是脊椎动物演化史上的革命性的事件，影响极为深远。

目前地球上存在的5.1万种脊椎动物中，有颌脊椎动物的种数占99.7%以上，而软骨鱼（以鲨鱼为代表）则占了不到1%。

科学家把有颌脊椎动物，分成四个大的类群，即棘鱼纲、盾皮鱼纲、软骨鱼纲和硬骨鱼纲。前两个纲已全部灭绝。硬骨鱼纲分为辐鳍鱼亚纲和肉鳍鱼亚纲两支。其中前者演化出现代的许多鱼类，我们常见的鲫鱼、鲤鱼、草鱼等都是由它们演化而来。而后者则被认为是陆生脊椎动物的远祖，我们人类也由此进化而来。

有趣的软骨鱼、硬骨鱼和棘鱼

如果按骨骼的性质来分类，可以将鱼类分成软骨鱼和硬骨鱼两类。它们两者最明显的区别是软骨鱼的骨架是由软骨组成，脊椎虽部分骨化，却缺乏真正的骨骼。硬骨鱼的主要特征是具有至少一部分由真正的骨（与软骨对照而言）组成的骨骼。

棘鱼类因背鳍、胸鳍、腹鳍和臀鳍的前端有硬棘而得名。它们出现于志留纪早期，繁盛于志留纪晚期和泥盆纪，石炭纪和二叠纪时便逐渐衰落和灭绝。

绿色植物登陆

　　由于剧烈的造山运动，地球表面出现了较大的变化，随着海洋面积的减小，大陆面积逐渐扩大。这给水中的生物带来很大影响。一些海洋植物告别生长了20亿年的老家海洋，开始登上陆地，开辟新家园。第一批陆生蕨类由此诞生。一些古老的藻类发展成躯体更大的多细胞的绿藻、红藻、褐藻。它们也在阳光的诱惑下，抓住机会向陆地进军。

顽强的登陆生物

　　生物从海洋爬上陆地之后，便开始在这片新的家园繁衍开来。它们的生命力很强，在地球上的"极限"地区都有它们的存在。在南极 −23℃ 的严寒冰层中，藻类和真菌活得不亦乐乎；与之相反，在海底火山附近达到沸点的开水中，也有生物在那里游泳。目前已知生活在世界最低处的动物是一种像虫子一样的海洋生物；而在珠穆朗玛峰海拔 6 千米以上的地方也有生命存在。

　　人类发现的最早的肉眼可识别的陆生植物化石，存在于志留纪早、中期的地层中。不过它们都非常低矮，高度只有 1 厘米左右。

　　绿色植物登陆，不仅给荒凉的地球披上了绿色的外衣，更重要的是它为大体型生物的演化提供了前提，使后世的高大植物和大型动物的出现成为可能。

石松与裸蕨

石松

石松是目前已知最早的陆生植物。具有小型叶，孢子囊附着在叶的上表面或是叶腋[yè]处（近轴部位）生长。石松类植物在泥盆纪变得多样化，有草本的、木本的等。石松在石炭纪和二叠纪极为繁盛，长得高大的木本类型成为了早期森林的主要成员。到了中生代末期，石松类植物开始走向衰弱。如今，石松植物只剩下了大约5个属，而且大多分布在热带和亚热带地区。

孢子

生物在繁殖下一代时需要由体内的生殖细胞来完成，孢子就是一种生殖细胞，它能在脱离生物体后直接或间接发育成新个体（后代）。孢子囊是制造并容纳孢子的组织。

裸蕨

裸蕨的地上茎向上直立生长，高约1米，具有二歧分枝，因它无根无叶，或仅具有刺状附属物，故名裸蕨。裸蕨是已灭绝的最古老的陆生植物，是最初的高等植物的代表。

参照教材阅读
你知道不同的陆地生长着不同的植物吗？
参照人民教育出版社出版的《小学科学》
三年级下册第 49 页

鱼翔"泥盆"

泥盆纪是古生代的第四个纪，距今约4.09亿—3.63亿年。泥盆纪时许多地区升起，露出海面成为陆地。泥盆纪时气候是温暖的，化石记录说明远至北极地区当时处于温带气候。然而在泥盆纪晚期，地球气候却变冷，第二次物种大灭绝就发生在泥盆纪晚期。

著名的泥盆纪标准剖面

在我国广西南宁市横县六景镇有一处六景泥盆纪标准剖面，它是1956年由我国地质古生物研究专家王钰发现的。该剖面沉积古生物化石有17个门类、500多个属种，完整地记录了泥盆纪时期该地从海滨、浅海滩到深海再演变成为碳酸盐台地和珊瑚礁、滩的整个地质历程。它因化石品种多、发育完整、演变过程阶段明显、清晰、出露良好等特点而闻名于世。地质考古专家认为，"它对科学研究、教学、国际间学术交流具有重大意义"。

软骨硬鳞的鲟鱼

软骨硬鳞鱼类归属于辐鳍鱼类，它具有骨质脑颅，但大部分是软骨质组成。软骨硬鳞鱼在泥盆纪出现，在古生代晚期的二叠纪占有优势。在中生代的早期和中期，软骨硬鳞鱼在水中的地位渐渐被全骨鱼类（辐鳍鱼的另一类）所取代。

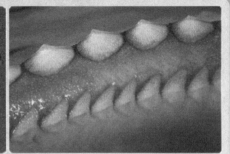

　　软骨硬鳞鱼类中目前仅存多鳍鱼目与鲟形目。多鳍鱼目在遥远的非洲存在，而鲟形目集中分布在北半球。

　　鲟鱼是世界上现有鱼类中体形大、寿命长、最古老的一种鱼类，在我国分布广泛，品种较多，我国是世界上资源丰富的国家之一。然而因为环境污染、过度捕捞、江河筑坝等原因，一些品种处于濒危状态，其中就包括白鲟和中华鲟。

白鲟

　　白鲟背部呈浅紫灰色，腹部及各鳍略呈白粉色。它的身体像长长的梭子，吻像大象的鼻子一样长，只不过长得很细，吻的长度是头长的 1.5～1.8 倍，从前到后逐渐变宽。它的上下颌都长有尖细的牙齿。白鲟全身没有骨板状的大硬鳞，仅在尾鳍上缘有一列棘状鳞。白鲟生活于我国长江流域中上游，是我国国家一级保护动物。白鲟有"水中大熊猫"之称，可见其稀少和珍贵。

中华鲟

中华鲟体形修长，呈纺锤形，头长得尖尖的，头顶骨片裸露。它的身上排着5列骨质化硬鳞，其中背部1列，体侧及腹侧各2列。中华鲟最大的可达3米多长，重量可达400～600千克，是古老的珍稀鱼类，是世界现存鱼类中最原始的种类之一，堪称"水中活化石"。中华鲟是一种大型的溯河洄游性鱼类，然而，由于拦河筑坝，中华鲟的洄游通道受阻，再加上水质污染和有害渔具的滥用，中华鲟的数量锐减。

参照教材阅读
人类对水的污染导致了哪些可怕的影响？
参照人民教育出版社出版的《小学科学》
六年级下册第49页

不是石头的 "菊石"

　　菊石虽然名字叫 "石" ，却不是 "石头" ，而是一种远古的头足类动物。头足类动物是软体动物门下的一个纲，这种海洋动物的共同特点是，长着由一根管子(体管)连在一起的多室外壳。

　　菊石的软体部分长得有点像鱿鱼，不过它却长着典型的盘旋状的外壳。菊石的体管将血液从壳的尖端压到住室内，住室中生活着长有触角的软体部分。菊石的外壳就像一个浮箱，它们借助外壳，可以在水里自由上下。

　　菊石从泥盆纪早期（大约4亿年前）出现开始，曾经历了爆炸式多样化发展，有棱菊石、齿菊石等数千个品种。有些种类菊石的体积相当可观，外壳直径约为2米。

　　科学家推测，菊石可能吃漂浮在水里的小生物体，例如浮游动物、微小的甲壳类动物，甚至是其他小菊石。它们不会吃较大、较硬的猎物，它们也不能把肉撕碎。

　　6500万年前，在地球上生活了几亿年的菊石和恐龙一样从地球上消失了。

蕨类和原始裸子植物

在泥盆纪早期，裸蕨植物和原始的石松类植物获得了迅速发展，逐渐占据了辽阔的大地；泥盆纪中期出现了楔叶和原始的裸子植物；泥盆纪晚期，石松和真蕨类形成的森林已经初具规模，这为陆生生物的发展准备了条件。

裸子植物

裸子植物是种子植物的一个类群，最早出现于古生代后期，中生代时期非常繁盛，是植食恐龙的主要食物来源。中生代后，裸子植物大量灭绝，目前仅存800种左右。

裸子植物的大小孢子叶均形成孢子叶球，其上生长着裸露的种子。种子的出现使裸子植物能够在干燥的陆地环境中生存。此外，裸子植物还具有更有效的水分和营养输送组织。正是这些优势，使裸子植物在中生代逐渐取代蕨类植物，成为陆地的主要植物种类。

蕨类植物

蕨类是比苔藓植物略高级的植物，繁盛于3.6亿年前的泥盆纪。它是最早的陆上植物，有着顽强的生命力，第一代为无性繁育，第二代成为有性繁育，世代交替，大多数蕨类在中生代前灭绝，至今仍存活1.2万个品种，分布在世界各地。蕨类不仅生长在阴暗潮湿的林地，在干燥沙漠和高海拔地区也有生长。

参照教材阅读

植物除了通过种子，还可以通过哪些方式繁衍后代？

参照人民教育出版社出版的《小学科学》六年级上册第14页

第二次物种大灭绝

　　第二次物种大灭绝发生在泥盆纪晚期至石炭纪早期之间，距今约3.6亿年。这次灭绝事件呈现两个高峰，中间间隔100万年。海洋生物遭受了重创，82%的海洋物种灭绝。

　　这次灭绝事件的时间范围较广，规模较大，受影响的生物门类也多。珊瑚几乎遭受了灭顶之灾，只在深海有幸存者；层孔虫差点儿全部消失，竹节石全部灭亡，腕足动物中有三大类灭绝，无颌鱼及所有的盾皮鱼类受到严重影响，原始爬行动物也受到影响。植物方面，浮游植物的灭绝率也达90%以上，陆生植物也受到重创。

层孔虫和竹节石

　　层孔虫是海洋无脊椎动物，最早出现于奥陶纪晚期，至白垩纪完全绝灭。层孔虫常和珊瑚、藻类等构成生物礁，因此，通过层孔虫的化石，可以判断出礁体的生态环境，这类礁体通常是重要的油气储存场所。

　　竹节石是海生软体动物一类。壳体细长呈圆锥形，壳长0.1～1厘米，部分属种壳表布有横环如纵肋。竹节石生活于奥陶纪、志留纪和泥盆纪，因在泥盆纪灭绝，因此是划分、对比泥盆系地层的重要化石之一。

　　因为此次灭绝受影响最大的是那些生活在暖水中的物种，因此很多科学家认为造成这次大灭绝事件的原因，也是因为全球变冷，也有科学家认为是小行星撞击地球造成的。

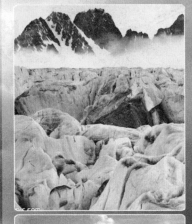

造煤出"石炭"

石炭纪距今3.63亿—2.9亿年，它是植物世界大繁盛的代表时期。石炭纪的植物以石松类、有节类、真蕨类等为主。石炭纪早期，地球上的植物群比较一致，仍是一些原始的蕨类、石松等。晚期，出现了不同气候条件下的各种不同的植物群。石炭纪时，地球上首次出现大规模森林，不但广布于滨海低地，同时也延伸至大陆内部。石炭纪中、晚期的地壳运动留下了大量的植物遗骸——煤，因此石炭纪又称"造煤时期"。这一时期形成的地层中含有丰富的煤炭，煤炭储量约占全世界总储量的50%以上。

石炭纪海生无脊椎动物也有所更新。与泥盆纪相比，蜓类是石炭纪海生无脊椎动物中最重要的类群；而腕足动物在类群上有所减少，因其占数量多，仍占有相当重要地位；头足类则以菊石迅速发展为主。

石炭纪中、晚期是脊椎动物演化史上又一次飞跃，一些动物从此摆脱了对水的依赖，登上陆地，以开辟更加广阔的生态领域，以林蜥为代表的原始爬行动物登上历史舞台。昆虫类动物如蟑螂类和蜻蜓类，在石炭纪突然崛起，其中有些大蜻蜓的两翅张开可达70厘米长。

两栖动物登台

　　泥盆纪晚期，气候干旱炎热，水体逐渐干涸。一些鱼类被迫用鳍在泥沼中爬行，这些动物慢慢进化成两栖类动物。

　　两栖动物自进入石炭纪后迅速分化，并在石炭纪至二叠纪达到极盛，因此这个时代也被称为"两栖动物时代"。

这时的两栖类动物有些大型的种类可以长到4~8米长，还有不少相貌奇特的种类。为了适应新环境，两栖动物使出了多种办法。肺可以使它们呼吸空气，减少对水的依赖。有些适应了陆地生活，有些则又回到了水中。与现在的两栖动物不同，这些早期的两栖动物为了适应环境，身上多长有能够抵抗空气的干燥作用的鳞甲。

在古生代结束后，大多数原始两栖动物灭绝，只有少数延续了下来，而新型的两栖动物则开始登上地球舞台。

两栖动物并非"在水陆生活"的动物

很多人对两栖动物的概念有误解，以为两栖动物就是"水陆两栖的动物"，这是不准确的。比如，有不少鳄类和龟类就是"水陆两栖"的，但它们属于爬行动物。也有一些真正的两栖动物或是终生生活在陆地上，或是终生生活在水中，并不"两栖"。那么，什么是两栖动物呢？

大多数两栖动物的幼体生活在水中，像鱼一样有尾巴，并用鳃呼吸，而它们的成体在陆地上生活，用肺呼吸，尾部消失。这个发育的过程叫"变态"，是这类动物的一个重要特点。现生两栖动物的皮肤薄而裸露，没有鳞、毛或羽覆盖，皮肤腺体发达。它们大多用肺呼吸，但有的水生种类终生用鳃呼吸。它们的卵没有硬质的卵壳，多数产在水里或潮湿的环境中。

现生的两栖动物有4 000多种，可分为三大类：无尾两栖类（俗称"蛙类"）、有尾两栖类（俗称"蝾螈类"）和无足两栖类（俗称"蚓螈类"）。

"下孔"似哺乳

　　石炭纪晚期至三叠纪，一种似哺乳动物从爬行动物中分离出来，出现在地球上。它们被称为下孔类。"下孔类"的意思是"合在一起的弓"，因它们头骨的每一侧都只有一个开孔而得名。

　　下孔类是爬行动物进化为哺乳动物的过渡类群。它们的头骨侧下方有一个颞颥孔，这是辨认它们的要诀所在。尽管早期的范例很小，呈蜥蜴状，但它们的后继者很多，发展成许多的种类。

　　下孔类虽然从半米左右的小型动物发展而来，但它们的后继者却种类繁多，体形变化很大。大的可达3米长，重200千克。它们有少部分是植食性动物，但大部分是性格凶恶的肉食性动物，它们用强大的上下颌和带锯齿的牙齿捕获猎物并切割成美餐。下孔类经过二叠纪和整个中生代1.6亿多年的发展，渐渐进化成哺乳动物，成为第三纪的典型代表。

"中介"是蜥螈

随着地球面积进一步扩大，很多地方气候变得干燥，从古老的两栖动物中产生了一种适应干燥环境的、介于两栖与爬行动物之间的动物——蜥螈。

最早的蜥螈形类出现在石炭纪。蜥螈头骨及牙齿特征与两栖类相似，但又具有很多爬行类的特征。

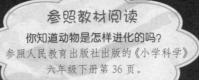

参照教材阅读
你知道动物是怎样进化的吗？
参照人民教育出版社出版的《小学科学》
六年级下册第 36 页。

爬行之祖——林蜥

　　科学家从一株巨大的封印木化石中发现空树干中藏着一只小动物。一种出现在2.8亿年前的动物——林蜥。林蜥长约20~80厘米。它的头骨后部截平，上下颌很长。这是一种肉食动物，主要以昆虫和一些小型爬行动物为食。

　　林蜥长着两栖动物的迷齿，却有着和其后出现的爬行动物相似的脊椎，被认为是爬行动物之祖。后来出现的恐龙、乌龟、鳄鱼、蜥蜴和蛇等都是它的子孙后代。

第二次大冰期

二叠纪大冰期主要发生在南半球，非洲的扎伊尔和赞比亚当初都在冰川之下，北半球只有1/3的印度埋于冰雪中。这是地球上的第二次大冰期。科学家是根据什么判断这个时代出现冰期的呢？原来在这长达四五百万年的时间里，全球的海洋生物以冷水动物为主，而且原来以暖水生物带为主的海域，也随时间的推移由暖水动物向冷水动物渐变；而且经过测算，当时的气温在全球范围内下降了4℃～7℃。至于原因，目前并无定论。有的科学家认为是全球性的海平面下降、温室效应降低导致的，也有科学家认为这与太阳在银河系的运行周期有关，即太阳运行至银河系的星际物质稠密地段时，阳光的热辐射的

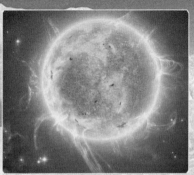

传导受阻，导致地球接受日光能较少而变冷。

有学者认为，二叠纪末的物种大灭绝就是因为二叠纪大冰期导致的。在这次物种大灭绝中，地球上约有96%的物种灭绝，其中约有90%的海洋生物和70%的陆地脊椎动物灭绝，它们基本上都是一些早期昆虫、原始爬行纲和鲨鱼形动物。

爬行动物大登场

　　爬行动物虽然发生在石炭纪，但其首次大量繁盛是发生在二叠纪。与两栖动物相比，爬行动物具有羊膜卵，这使它们得以摆脱繁殖时对水的依赖。但爬行动物还不具备体温调节系统，属于变温动物。在严寒或酷暑时，需要进行冬眠或夏眠。爬行动物在中生代得到最大发展，种类繁多，形态各异，恐龙就是其中最典型的代表。中生代结束后，爬行动物的地位逐渐被哺乳动物取代，但种类仍然较多。目前全球爬行动物有6 500多种。

了不起的羊膜卵

　　羊膜卵的出现使脊椎动物个体在发育过程中，真正摆脱对外界水体的依赖，成为完全陆生的动物。羊膜卵的出现是脊椎动物进化史上继"颌的出现"、"从水到陆"之后的又一次重大的飞跃。

　　羊膜卵的主要特点是在胚胎发育过程中产生胚膜（羊膜、绒毛膜和尿囊膜）。羊膜腔中充满了羊水，胚胎便在羊水中发育，避免因为干燥导致胚胎死亡；此外这些胚膜构成的小环境，还保证了胚胎与外界的气体交换，对胚胎起到支持和保护作用。在羊膜卵外，还包有一层钙质的硬壳或不透水的纤维质卵膜，能防止卵内水分的蒸发、避免机械损伤和减少细菌的侵袭。

　　羊膜卵的出现，使爬行动物不必像鱼或两栖类动物那样，必须把卵产在自然水中进行孵化。在羊膜卵的保护下，它可以把卵产在干燥的陆地上，孵化小动物。这使得它繁衍下一代的能力有所增强。

用尾巴游泳的中龙

中龙是最古老的水生爬行动物，它们可能是第一批从陆地重回水环境（咸水沼泽）生活的陆生动物。中龙生活在石炭纪晚期和二叠纪。

中龙的上下颌像鳄鱼一样又细又长，口中长着锋牙利齿，不过它的身体比鳄鱼显得细长，它的体长可达1.5米。身后有一条长而灵活的尾巴，中龙主要用尾巴游泳。

溪流和水潭是中龙的家，它很少上岸，特别爱吃水里的鱼，也爱捕食一些虾类等甲壳类动物。

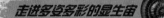

丑得吓人的巨颊龙

　　巨颊[jiá]龙是一种植食类爬行动物，约生活在二叠纪中晚期（2.66亿年前—2.52亿年前），当时它们广泛分布在整个泛大陆。

　　巨颊龙相貌可谓奇丑无比，看上去很吓人。它的脑袋上长满大大小小的瘤[liú]子，这些"瘤子"是一些骨质结节。巨颊龙体形与母牛相近，不过背上不是长着毛，而是披着铠甲。

　　根据化石判断，巨颊龙的出现早于恐龙。它们曾生活在今尼日尔北部沙漠地区。

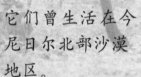

117

最大一次生物大灭绝

距今约2.4亿年，在二叠纪末期，地球上再次发生一次生物大灭绝事件。这次事件导致约95%海洋生物物种在短时间内灭绝，只剩下少量低级的生物。75%陆地生物物种灭绝。曾经非常繁盛的舌羊齿植物、横板珊瑚、蜻蜓类和三叶虫全部灭亡。这是一次规模最大、最严重的生物大灭绝事件。

这次生物大灭绝使占领海洋近3亿年的古生代生物退出历史舞台，一些新生物种群，诸如恐龙类等爬行类动物逐渐登上历史舞台。

走进多姿多彩的显生宙

对于此次大灭绝的原因，科学家认为是因为地球的温室效应加剧，导致海洋生物缺氧所致。那些顽强的物种，因为熬过这段漫长的艰难岁月，幸免于难。我们今天看到的腕足类海洋动物舌形贝（俗称"海豆芽"），还有一些树木如银杏、苏铁、松柏等都是当时的幸存者。

三叠纪 "中生"

　　三叠纪是中生代的第一个纪，距今约2.45亿—2.08亿年。二叠纪末的大灭绝，使得三叠纪至少用了400万年的时间，生物才逐渐进化为高级生物，并使整个世界逐渐繁荣。

　　在约5000万年的漫长时间里，陆地面积扩大，山脉突起，盆地出现，随着地理环境的变化，生物的面貌也发生变化。恐龙在此时出现在地球上，并发展壮大，因此，这一纪也被称为"恐龙时代的开端"。第一个会飞的脊椎动物，翼龙在天空中自在飞翔。海洋中也存在着凶猛的爬行动物，一场场激烈的生死搏斗不时上演。

　　植物方面，在三叠纪早期，植物面貌多为一些耐旱的类型，随着气候向温湿转变，植物也越来越繁茂，一些常绿树木生长在地面上。

恐龙的出现

　　随着地球的气候和地形变得越来越稳定，植物更加茂盛起来。这为爬行动物的快速发展提供了物质基础。爬行动物的一支——恐龙便在这时出现。恐龙种类很多，大小不一：既有凶狠残暴的食肉者，也有温顺可爱的素食者；有些大恐龙体长可达60米，重达150吨，而有些小恐龙则只有几十厘米长。

参照教材阅读

恐龙都有哪些种类，它们是什么样子？
参照人民教育出版社出版的《小学科学》
六年级下册第 37 页

第一种会飞的脊椎动物

　　第一种会飞的脊椎动物名字叫作翼龙，希腊文意思为"有翼蜥蜴"，它是飞行爬行动物演化支。翼龙在地球上生活了大约1.5亿年。翼龙常生活在湖泊、浅海的上空，在森林中也有它们的身影。

　　翼龙虽然长着翼，但并不能像鸟类那样自由地、长距离在天空中飞行。它只能在生活环境附近滑翔，有时也在水面上盘旋。

翼龙种类很多，目前所知有120多种。较早的翼龙长着长嘴和牙齿，尾巴也长长的；较晚的翼龙则缺乏牙齿，尾巴变短。

翼龙的体形、大小也各不相同。大者如翼手龙类的风神翼龙，两翼展开可达十多米。这是目前人类所知的最大的飞行动物。而小的翼龙，则如麻雀一样，比如森林翼龙。

海生 "怪物"

　　在三叠纪形形色色的海生爬行动物称霸海洋。海生爬行动物不仅种类繁多，而且体形巨大，形状怪异。甚至早期的博物学家曾将"睡在"化石中的它们称为"海怪"。其中最负盛名的是鱼龙和蛇颈龙。

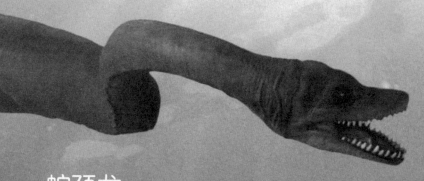

蛇颈龙

　　蛇颈龙，一听它的名字，便知道它长着像蛇一样的长脖子。蛇颈龙的脖子可达身体的一半长，体长可达十多米。它身体宽扁，配上长长的脖子、小小的脑袋，就像一只海龟的头装在长蛇身上似的。它们主要以鱼和菊石等为食。蛇颈龙在白垩纪灭绝。

鱼龙

　　鱼龙的身体呈流线形，四脚像浆一样，长得与海豚相像。鱼龙的头像个三角形，它的嘴巴又尖又长。遇到美餐，鱼龙张着上下颌，露出满口锥状的牙齿，向猎物袭击。鱼龙的眼睛很大，直径最大可达30厘米，这么大的眼睛，使得鱼龙可以在光线暗淡的夜间或深海里追捕乌贼、鱼类等猎物。

兴盛的侏罗纪

侏罗纪大约开始于2.08亿年前，约结束于1.46亿年前。原始大陆在此时开始分裂，大西洋渐渐由裂缝间形成，非洲也开始与南美洲分开，印度也将要移向亚洲。

侏罗纪虽然也存在热带、亚热带和温带的区别，但这时候全球各地的气候以温暖为主。这样的气候使得植物繁茂，可谓层林遍布。在侏罗纪的植物群落中，苏铁类、松柏类、银杏类等裸子植物极其繁盛；木贼类、真蕨类蕨类植物在茂盛的森林中随处可见；草本的羊齿类和其他草类则遍布低处，覆掩地面。植物的繁盛为以植食类恐龙为代表的动物提供了大量所需要的食物。

在侏罗纪，动物界从陆地到空中都得到发展。恐龙成为陆地霸主；翼龙在空中占绝对优势，原始的鸟类也在空中展开翅膀。鸟类的出现是脊椎动物演化进程中的又一个重要事件。最不容易为人注目的昆虫也有所发展，种类超过千种，除原已出现的蟑螂、蜻蜓类、甲虫类外，还有新的种类出现，蝇类和蛀虫类昆虫就是在这时出现的。

鸟类之祖——始祖鸟

鸟类和哺乳动物一样，也是从爬行动物进化而来，只不过它的出现要比哺乳动物晚1.5亿年。目前所知最早的鸟类代表来自侏罗纪晚期。

1861年，古生物学家在德国巴伐利亚发现一块形似鸟类的古生物化石，后来，将其命名为始祖鸟，又名古翼鸟。始祖鸟长着像鸟一样的头、翅膀和爪，不过它在其他地方却与兽脚亚目恐龙相似，比如在颚骨上有锋利的牙齿，脚上三趾都有弯爪，还长着长长的骨质尾巴。始祖鸟兼具恐龙与鸟类的特点，在演化过程中扮演着重要角色。

最早长喙的孔子鸟

　　圣贤孔子鸟发现于我国辽宁北票市，它生长于侏罗纪末期，是除始祖鸟外世界上出现最早、最原始的鸟类。它的头骨骨块不愈合，尚具有爬行类祖先遗留下来的眶[kuàng]后骨，上下颌均无牙齿，长着角质喙。

　　孔子鸟是目前发现的最早出现鸟类独有的角质喙的鸟。孔子鸟的前肢仍然有三个发育的指爪，胸骨无龙骨突，肱骨有一大气囊孔。孔子鸟是最接近始祖鸟的古鸟。

参照教材阅读

你都认识哪些鸟？
你知道它们为什么会飞行吗？
参照人民教育出版社出版的《小学科学》
三年级上册第 49 页

"亿年寿星" 桫椤树

桫[suō]椤[luó]，是木本蕨类植物，又称"树蕨"，被赞为"蕨类植物之王"。在我国南方的一些省份可以见到。

在1.8亿年前，桫椤曾是地球上最繁茂的植物，与恐龙一样，同属"爬行动物"时代的两大标志，更是一些"吃素"恐龙的主食。1.8亿年过去了，它的"克星"变成了化石，而桫椤树还在地球上一展身姿。目前，全世界共有桫椤树约230种，我国有11种和2个变种。

桫椤是典型的蕨类植物，不靠种子繁育后代，而是主要依靠藏在叶片后面的孢子来代代相传。

在恐龙时代，蕨类植物多是高大的树木，而今存活在地球上的大部分蕨类却都是矮小的草本，因此长得高大的桫椤树自然显得极为珍贵。它是已发现的唯一木本蕨类植物，被视为"活化石"。桫椤被众多国家列为一级保护的濒危植物，也是我国八大一级保护植物之一。

八种国家一级保护植物

在我国3万余种植物中，属于国家一级保护的有8种。它们分别是水杉、桫椤、银杉、珙桐、金花茶、人参、秃杉、望天树。

裸子植物的"活化石"银杏

在侏罗纪和白垩纪早期，银杏纲的树木极为繁盛。有似银杏、裂银杏、线银杏等多种，广布于欧亚大陆的温带植物地理区。自第四纪冰期后，这类植物在欧美等地全部绝灭，仅在我国存有其中的一属。

银杏

银杏为落叶大乔木，高可达40米。有长枝和短枝，枝上的叶子像一柄小扇子，叶中间略微凹进去。银杏树有雌雄之分。

银杏既有观赏价值，也有经济和药用价值。由于银杏树是遗留下来的最古老的裸子植物，因此被当作植物界中的"活化石"，是世界上十分珍贵的树种之一。

恐龙的盛世

侏罗纪是恐龙发展的鼎盛时期。恐龙在这一时期迅速成长为地球的统治者，它们在地球的海、陆、空三大空间各得其所，济济一堂，热闹非凡。当时陆上有身体巨大的迷惑龙、梁龙、腕龙等，水中有鱼龙，空中有翼龙，它们都在这一时期大量发展和进化。

由盛及衰的白垩纪

　　白垩纪是中生代的最后一个纪，距今约1亿4 600万—6 550万年。海平面变化大，有大面积的陆地被温暖的浅海覆盖，这一时期气候温暖、干旱。

　　白垩纪早期，陆地上的裸子植物和蕨类植物仍占统治地位。被子植物在白垩纪中期大量增加，各类被子植物竞相开花结果，繁衍后代，到晚期被子植物在陆生植物中居统治地位。在动物界，恐龙的新种类增加，仍占统治地位，许多新型的小哺乳动物也出现在地球上。最早的蛇类、蛾、蜜蜂等也出现。

最初，整个地球上呈现一片欣欣向荣的景象。然而到了后来，脊椎动物的爬行类由盛转衰，在白垩纪末期的大灭绝事件中，它们中的大多数都从地球上消失，与此同时，一半以上的植物和其他陆生动物也同时消失。

发生在白垩纪末期的灭绝事件成为中生代与新生代的分界。

被子植物迅速发展

　　被子植物在白垩纪迅速发展，以"长江后浪推前浪"之势在白垩纪晚期取代了裸子植物的优势地位。至今被子植物仍然是地球上种类最多、分布最广泛、适应性最强的优势类群。

被子植物

　　被子植物又名绿色开花植物、显花植物，是植物界中最高级的一类，也是目前最繁盛的植物类群。被子植物可能起源于某些已经灭绝的裸子植物。与裸子植物相比，被子植物的孢子体更加进化，器官与组织也更加分化。

　　被子植物还出现多种类型，如草本与木本、落叶与常绿、一年生与多年生等。这些类型说明它们适应环境变化的能力很强。此外，被子植物受精时两个精子分别与卵和极核融合，发育成胚和胚乳，这种双受精现象可使幼体同时获得来自双亲的遗传信息，对物种的进化更加有利。

参照教材阅读

你知道植物是怎样适应不同的环境的吗？
参照人民教育出版社出版的《小学科学》
六年级下册第 26 页

史前巨兽的灭亡

化石研究表明，中生代末期的500年时间里，恐龙的种类和数量急剧减少，至白垩纪结束时，雄霸地球长达1.6亿年的巨型爬行动物恐龙，就在这个时期突然奇迹般地惨遭灭绝。进化论理论认为，物种的自然消亡是一个漫长的过程，然而一个种类和数量都十分庞大的集群却在短短几百万年的时间里突然全部消亡，这绝对是一个非同寻常的现象。

研究者们提出种种推测，试图解开恐龙灭绝之谜。普遍认为，在6 500万年前，一颗巨大的小行星撞击地球表面，产生了巨大的能量，引起一连串可怕的环境灾难：风暴、海啸、寒冷黑暗、温室效应、酸雨、火灾等。这一系列的变化导致包括恐龙在内的许多生物都灭绝了。

参照教材阅读
你知道有哪些因素导致了恐龙灭绝吗？
参照人民教育出版社出版的《小学科学》
六年级下册第39页

顽强的鳄鱼

　　鳄鱼是来自恐龙时代的古老爬行动物，在地球上至少已经生活了2.3亿年了。它曾经和恐龙一起生活过1亿多年，然而恐龙早已灭绝了，它却奇迹般地在大灾大难中顽强地存活下来。正因如此，鳄鱼也有了"活化石"之称。

参照教材阅读

你知道有哪些濒危的动植物吗？
参照人民教育出版社出版的
《小学科学》六年级下册第44页

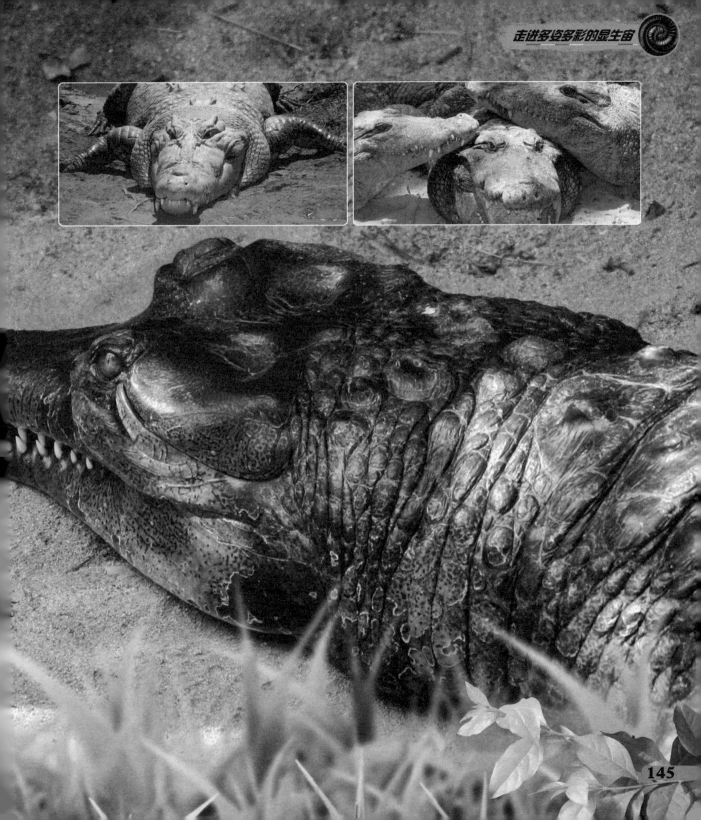

第三纪哺乳动物

　　发生在白垩纪末期的大灭绝标志着中生代的结束，地球的地质历史从此进入了一个新的时代——新生代。新生代通常被分为第三纪和第四纪两个纪。第三纪通常被进一步分为古近纪和新近纪。古近纪距今约6 500万—2300万年，下分为古新世、始新世和渐新世；新近纪距今约2 300万—200万年，下分为中新世和上新世。

　　在第三纪时期，现代主要的地表形态、重要的山脉、海洋、大河，大多在这个时期开始形成。这一时期，地球上的气候变化显著。在自然条件变化的影响下，生物界也发生了变化。

在植物界，被子植物在第三纪极度繁盛，与之相比，裸子植物均趋衰退，蕨类植物也大大减少且分布多限于温暖地区。第三纪的植物更加接近于现在的植物。

为了适应新环境，爬行动物渐渐进化成适应环境能力较强的哺乳动物和鸟类。哺乳动物在古近纪迅速进化，在新近纪高度发展，并最终进化出最早的人类，人类的出现是这个时代最突出的事件。第三纪可以说是"哺乳动物的世界"。

鸟类的种类在第三纪明显增多，在形态结构和生理功能上都出现了特化现象，逐渐形成现代的鸟类，成为"空中霸主"。

特化

特化指物种为适应某一独特的生活环境，形成局部器官过于发达的一种特异适应，是一般到特殊的生物进化方式。

在海洋中，海生动物也和陆生动物一样，已接近现代。鲸、海牛、海豹和海狮等海洋哺乳动物在大海中生活着，各种现代的贝类和硬骨鱼类都成了海洋里最占优势的动物。

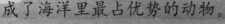

形态各异的"象"

化石研究发现，象在远古时期也各有不同。

始祖象是人类发现的最早的"象"。它的化石是在北非始新世晚期到渐新世早期的地层中发现的。始祖象高约1米，体形大小跟猪一样。始祖象也像河马那样，眼睛和耳朵在头上很高的地方，这样使它能把眼睛和耳朵露出水面观察四周情况。与现在的象不同的是，始祖象没长着现代象的大门牙，也没有长鼻子，因此，有些古生物学家认为它并不是现代象的祖先。

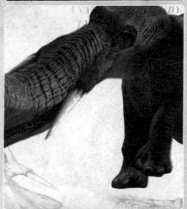

铲齿象生活在1 000多万年前的中新世时期，它长得很特殊：下颌极度拉长，最前端长着一对扁平的像大铲子的下门牙。这个大铲子可以帮它铲断植物，然后再通过长鼻子把食物送到嘴中。不过也有科学家认为，铲齿象的这对大门牙，相当于镰刀，是用来切割食物的。

黄河象全称为黄河剑齿象，生活在300万年前，是一种现已灭绝的古象。1973年，在我国甘肃合水县境内发现一具黄河象化石，这是一头百岁开外的雄象的化石，其身长8米、高4米，仅一对门齿就长达3.02米。这具黄河象化石是迄今为止，世界上发现的个体最大、保存最完整的一具古象化石。

巨犀

　　巨犀是人类已知的最大陆生哺乳动物，主要生活在渐新世，在中新世早期灭绝。

　　巨犀站起来肩部高可达5米，体长7～9米，体重15吨。巨犀头上无角，头骨长而低，长1米左右，但与它庞大的身躯相比，却显得细小。巨犀的鼻骨是向下弯曲的。巨犀长着长长的脖颈，这可以让它够着远处的枝叶。

　　虽然这类动物的化石发现较少，但在我国却发现过巨犀种群的化石。

长着鸭嘴的兽

鸭嘴兽在地球上至少已经存在2500万年了。它是现存最原始的哺乳动物，世界驰名。它既具有哺乳类动物的特征，又具有鸟类动物的特征。鸭嘴兽像鸟类一样产卵，像鸟类一样靠母体的温度孵化；但幼崽儿却是靠

喝奶长大的。母兽没有乳房和乳头，在腹部两侧分泌乳汁，幼崽儿就爬到母兽的腹部吸吮乳汁。

鸭嘴兽全身裹着柔软褐色的浓密短毛，四肢很短，五趾具钩爪，趾间有薄膜似的蹼，酷似鸭足。鸭嘴兽常生活在河、溪、湖的岸边。昆虫的幼卵、虾米、甲壳类、蚯蚓等动物都是鸭嘴兽的食物。鸭嘴兽的四肢是它行走、挖掘、游泳的工具。游

泳时，用前肢蹼足划水，靠后肢掌握方向。鸭嘴兽看上去很"萌"，很可亲，但事实上它也有可怕的一面，它的足带着毒。雄性鸭嘴兽后足有刺，内存毒汁，毒刺可用来抵御捕食者；雌性鸭嘴兽出生时也有毒刺，但在长到30厘米时就消失了。人一旦被毒刺刺中，便会发生中毒反应，不过好在它的毒不能使人有生命危险。

　　鸭嘴兽至今仍生活在澳大利亚，是国际保护动物。

第四纪大冰期

　　第四纪大冰期开始于大约200多万年前。有冰期、间冰期明显交替。冰期到来时，大陆冰盖向南扩展，动植物也随之向南迁移；在间冰期期间，动、植物则向北迁移。在地层剖面中可明显地看到喜冷和喜暖动植物群的交替现象。第四纪冰期在最盛时，冰川覆盖着地球总面积的32%。现代冰川覆盖总面积约为1 630万平方千米，约占地球陆地总面积的11%。

　　大冰期的来临，导致了大量生物物种的灭绝。地球上现存的各类物种，除少部分第四纪前遗存的生物，多为第四纪冰川期以来诞生和变异的新生物种。银杉、水杉、银杏、珙桐这样的植物，以及大熊猫、蟑螂等动物是第四纪冰期后的幸存者。

　　现今我们正处在第四纪大冰期的末期，是个比较温暖的时期。

超级大象猛犸

　　猛犸象大约生活在距今480万—1万年，是第四纪大冰期时一种具有代表性的生物，它是当时世界上最大的象。它身高体壮，四腿又粗又壮，脚上长着四个脚趾。猛犸象的嘴部长出一对弯曲的大门牙。虽然长得如此强大，但它却只吃草和灌木的叶子。

　　一头成熟的猛犸象，身长可达5米，体高约3米，门齿长1.5米左右，体重可达6～8吨，是现在大象体重的两倍。猛犸象皮厚毛长，成年的猛犸象可有9厘米厚的脂肪层，这也是它抗高寒能力强的原因所在。

　　猛犸象曾生活在亚欧大陆北部及北美洲北部的寒冷地区，在我国东北、山东、内蒙古、宁夏

的部分地区也曾发现过它们的化石。

当时，人类的祖先和猛犸象同期进化，猛犸象不幸成了人类重要的捕食的对象，不过当时的人类却在洞穴的墙壁上刻画下许多栩栩如生的猛犸象图画。

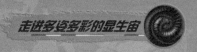

凶猛的剑齿虎

剑齿虎生活在距今300万—1.5万年，与进化中的人类祖先共同度过了近300万年的时间。从化石来看，剑齿虎曾生活在亚洲、非洲、北美洲的陆地上。

剑齿虎体形巨大，肩高可达1.3米。它长着一对巨大的像剑一般锋利的犬齿，足有25厘米长。在遇到猎物时，它的这两颗大犬齿可以刺穿猎物厚厚的肌肤。

人类的进化之路

　　1974年，科学家们在埃塞俄比亚的阿法谷地区发现了距今320万年的古人类化石。这个被称为"露西"的女性类人猿身高仅1.1米，但已经能熟练地用两足行走。此后，人类的进化历程出现了分化。一部分古猿个体逐渐粗壮，但在距今100万年全部灭绝。另一部分古猿的脑容量逐渐增大，距今200万年出现了能够制造石器的"能人"。

　　能人很快进化成直立人，并在100多万年前分布到欧洲和亚洲。直立人已经学会用火，著名的"北京猿人"就属于直立人。

北京猿人

　　北京猿人的正式名称是"中国猿人北京种"，生活在距今70万—20万年。北京猿人的遗址发现地位于北京市房山区周口店龙骨山。北京猿人身高在1.5米左右，因为生存条件恶劣，北京猿人很少有活过30岁的。北京猿人已经会制造石器工具并会使用天然火，他们白天采摘果实、捕猎动物，到晚上返回山洞里，在火堆旁或休息或吃饭，或者用简单的语言加上手势"聊聊天"。

　　距今20万年前，以尼安德特人为代表的早期智人出现，他们与今天的人类已经没有多少区别。

　　稍后，现代人的祖先智人在非洲诞生。

　　大约距今10万年，他们走出非洲，开始了漫长的迁徙扩散之路，渐渐分布到世界的各个角落，并形成不同的人种。

　　虽然科学界对人类起源学说争论不一，但人类从古猿进化到能人、直立人、智人的进化历程是一致认可的。

4 给地球母亲一个美好的未来

人类对地球母亲的伤害

　　人类社会出现以后，世界各地的人们用自己的聪明才智创造了优秀的文明和灿烂的文化，使得人类成为地球的绝对主宰者，人类成为地球的历史撰[zhuàn]写者和主角，然而人类却做了许多对不起地球母亲的事：消灭大量的其他物种、乱砍滥伐、过度开采资源……

　　目前人类与万物共同依赖生长的地球母亲，正因人类活动变得越来越前景堪忧。人类在享受自己的聪明才智创造的便利之际，也种下了物种灭绝，生态平衡破坏，空气、土地、水受到污染，土地沙漠化，气候异常，温室效应等种种"恶果"。

165

为保护地球母亲尽一份力

当人类发现自己对地球的破坏最终反过来影响到自身的生存时，努力保护地球便成为人类未来努力的方向。

保护濒危物种、积极治理污染、寻找与开发环保的新能源、合理利用矿产资源、节约能源等都成为人类为了拯救地球母亲的努力方向。作为人类的一份子，我们每个人都应该努力为保护地球母亲做出自己的贡献。

从现在开始，为了还地球母亲和我们人类自己一个美好的未来，努力吧！

参照教材阅读

宝贵的矿产资源有哪些？
参照人民教育出版社出版的
《小学科学》六年级下册第 46 页

图书在版编目（CIP）数据

我要给地球挖个洞 / 刘少宸编著 . -- 长春 : 吉林
科学技术出版社，2014.11（2023.1重印）
（奇趣博物馆）
ISBN 978-7-5384-8275-1

Ⅰ．①我… Ⅱ．①刘… Ⅲ．①地球－少儿读物 Ⅳ.
① P183-49

中国版本图书馆 CIP 数据核字 (2014) 第 218491 号

编　　　著	刘少宸				
编　　　委	邓　辉	丁可心	丁天明	关　雪	韩　石	韩　雪
	李海霞	刘　超	刘训成	刘亚男	卢　迪	戚嘉富
	汝俊杰	唐婷婷	王丽丽	吴　恒	杨　丹	张晓明
	张　扬	张玉欣	朱兆龙	邹丽丽		

出　版　人　李　梁
策划责任编辑　万田继
执行责任编辑　朱　萌
封 面 设 计　宸唐装帧
制　　　版　宸唐装帧
开　　　本　787mm×1092mm　1 / 12
字　　　数　200 千字
印　　　张　14
版　　　次　2015 年 1 月第 1 版
印　　　次　2023 年 1 月第 3 次印刷

出　　　版　吉林科学技术出版社
发　　　行　吉林科学技术出版社
地　　　址　长春市净月开发区福祉大路 5788 号
邮　　　编　130118
发行部电话 / 传真　0431-85600611　85651759　85635177
　　　　　　　　　　85651628　85635181　85635176
储运部电话　0431-86059116
编辑部电话　0431-85610611
团 购 热 线　0431-85610611
网　　　址　www.jlstp.net
印　　　刷　北京一鑫印务有限责任公司

书　　　号　ISBN 978-7-5384-8275-1
定　　　价　39.80 元